小问号童书 著/绘

中信出版集团 | 北京

**图书在版编目（CIP）数据**

内格尔的蝙蝠 / 小问号童书著绘 . -- 北京 : 中信出版社 , 2023.7

ISBN 978-7-5217-5148-2

Ⅰ . ①内… Ⅱ . ①小… Ⅲ . ①神经科学 – 少儿读物 Ⅳ . ① Q189-49

中国版本图书馆 CIP 数据核字 (2022) 第 252586 号

**内格尔的蝙蝠**

著 绘 者：小问号童书
出版发行：中信出版集团股份有限公司
（北京市朝阳区东三环北路27号嘉铭中心 邮编 100020）
承 印 者：北京启航东方印刷有限公司

开 本：710mm × 1000mm 1/16 印 张：2.5 字 数：59千字
版 次：2023年7月第1版 印 次：2023年7月第1次印刷
书 号：ISBN 978-7-5217-5148-2
定 价：20.00元

出 品：中信儿童书店
图书策划：神奇时光
总 策 划：韩慧琴
策划编辑：刘颖
责任编辑：房阳 营 销：中信童书营销中心
封面设计：姜婷 内文排版：王莹


服务热线：400-600-8099
投稿邮箱：author@citicpub.com

蝙蝠昼伏夜出、倒吊着睡觉，
探路全靠耳朵听，
和我们大不相同。
如果有一天，你变成了一只蝙蝠，
你会做什么呢？

“现在！马上！上床！睡觉！”

奶奶说着为拜德铺好被子。

窗外热闹极了，其他家庭都在为变装晚会做准备，只有拜德家静悄悄的。

拜德家从不参加变装晚会。

大人们都说：“你奶奶对你真好！”

奶奶精心烹饪，为拜德准备健康、营养的食物。

奶奶心灵手巧，为拜德编织厚实、保暖的衣服。

奶奶还会挑灯夜读，为拜德挑选有用的课外书。
对拜德成长有利的，奶奶都会想尽办法去做。

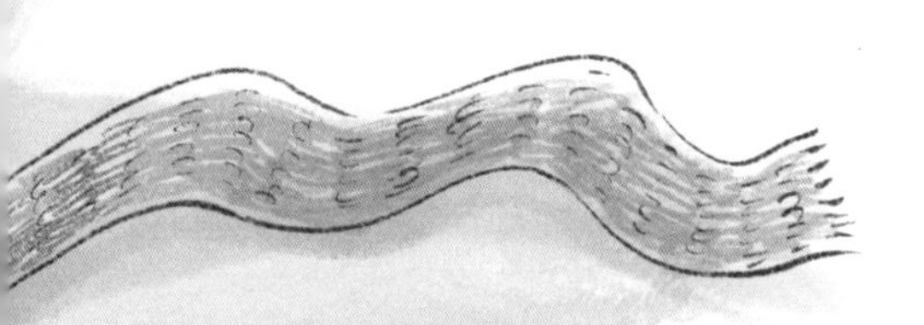

“你奶奶管得真严！”小伙伴们都这么说。

拜德只能吃奶奶为他准备的食物，健康营养，但一点都不美味。

拜德只能穿奶奶为他准备的衣服，厚实保暖，但一点都不好看。

拜德只能看奶奶为他准备的课外书，深奥复杂，但一点都不好玩。

拜德连捉迷藏都不能玩，因为只要离开奶奶的视线，奶奶就会紧张得到处找他。

“拜德，带上这个！”“拜德，不能碰那个！”只要是奶奶觉得好的，拜德再讨厌也得接受；只要是奶奶觉得不好的，拜德再喜欢也得放弃。

奶奶只按她自己的想法来！拜德讨厌这样！

就像现在，大家正热热闹闹地筹备变装晚会，拜德却必须早早上床睡觉。

拜德越想越难过，越想越生气。这时，窗外划过一颗流星，拜德赶紧闭上眼睛，对着流星许愿：

没想到，拜德的愿望第二天就实现了。整个白天，拜德都没有见到奶奶，也没有听到奶奶的唠叨声。

屋子里黑漆漆的，一点声音也没有……

“奶奶！”“奶奶你在哪儿？”拜德满屋子找奶奶。他推开奶奶的房门，一个黑漆漆的影子扑了过来。

“啊——救命！”拜德吓得转身就逃。

“是我呀！拜德！”黑影子张嘴说话了！

“奶奶？”拜德惊讶地张大嘴，“奶奶，你怎么变成蝙蝠了！”

拜德的奶奶变成了蝙蝠，在她恢复正常之前，她再也管不了拜德了。不仅如此，她还需要拜德去照顾。

“我照顾人，可比奶奶厉害多了！”拜德很有信心。

蝙蝠奶奶和以前完全不一样。

她昼伏夜出、倒吊着睡觉、走路全靠耳朵“听”、个子还没有拜德高……

但拜德认为，这些都不是问题。

一到晚上，蝙蝠奶奶就有用不完的力气。

蝙蝠奶奶将浑身的力气都集中到了翅膀上。

除了水果和花蜜，其他食物，蝙蝠奶奶看都不想看。

拜德把奶奶从头管到脚，只要他觉得好的，奶奶再讨厌也得接受；只要他觉得不好的，奶奶再喜欢也得放弃。拜德觉得奶奶现在像蝙蝠一样的生活方式，就很不好。

这样的日子才过了两天，蝙蝠奶奶就受不了了，拜德也受不了了。

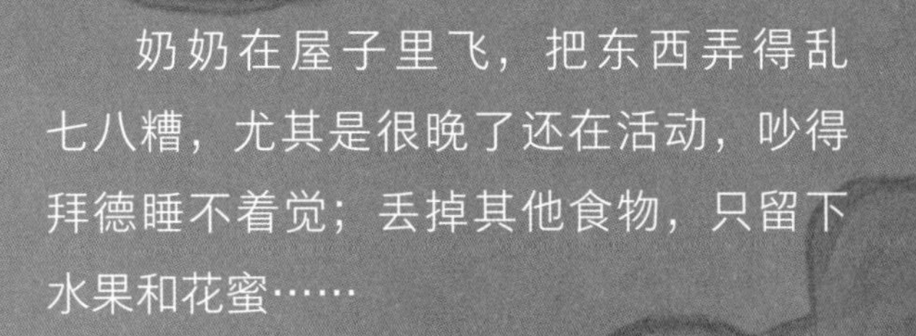

奶奶在屋子里飞，把东西弄得乱七八糟，尤其是很晚了还在活动，吵得拜德睡不着觉；丢掉其他食物，只留下水果和花蜜……

这个好吃!
早睡早起
身体好!

拜德更用心，也更强势地去照顾奶奶。

在拜德的照顾下，蝙蝠奶奶越来越虚弱。

天哪！一只
蝙蝠！
拜德的奶
奶变成了
蝙蝠！

这天，拜德的朋友们前来拜访。

“拜德，今年的变装晚会，你还是不参加吗？”

拜德摇摇头说：“我要照顾奶奶。”

“不，你一定得去变装晚会！”蝙蝠奶奶说，“你根本就不会照顾人，我再也受不了你了！”

拜德不服气，和奶奶吵了起来。

“哼！我所做的一切都是为了奶奶好！她却一点都不理解我。”

“哈哈哈哈哈哈！”拜德的朋友们大笑着说，“你奶奶以前也爱这么说你！”

朋友安慰拜德：“拜德，你之前讨厌奶奶不考虑你的感受，现在轮到你去照顾奶奶，为什么你也全按照自己的想法呢？”

“如果不能好好沟通，倾听对方的想法，你就是想破头，也不知道他心里想的是什么。”

奶奶心里在想什么呢？变成蝙蝠是什么感受呢？

拜德试着倒吊着睡觉。
头昏脑涨，完全睡不着。

拜德蒙上眼睛，靠耳朵判断方向。
什么也没听到，还摔了好几跤。

拜德表示：“这样的生活我可过不了。”
奶奶却说：“这样的生活舒服极啦！”
拜德明白了，奶奶和他的感受完全不一样。

拜德决定顺应奶奶的生活习性。

不管是变成蝙蝠前，还是变成蝙蝠后，拜德都不明白奶奶的想法，但有一个人肯定知道。

拜德决定和奶奶好好沟通！

“奶奶，你觉得哪个窗帘更好一些呢？”拜德为奶奶的房间装上厚厚的挡光窗帘。

“奶奶，你更喜欢哪种水果呢？”拜德为奶奶准备了各种各样的水果，任由奶奶自己挑选。

“奶奶，你喜欢怎么飞呢？”拜德为奶奶整理了一条安全的飞行路线。

“奶奶！”

“奶奶，你觉得……”

蝙蝠奶奶很快恢复了活力。

奶奶问拜德：“你想参加变装晚会吗？”

这是拜德第一次参加变装晚会，他扮成了一只蝙蝠。

精彩美妙的表演，让拜德目不转睛；各式各样的美食，更让拜德挪不动步子。可想起以前奶奶的管教，拜德失落地低下头。

“只要你想，今天吃什么都可以！”

最近，奶奶也会认真聆听拜德的想法。

拜德觉得今天的一切都好极了。

变装晚会的高潮就是变装比赛，小镇居民们轮流展示自己的变装成果，想要夺得冠军。轮到拜德上场时，奶奶悄悄问拜德：“你想不想要一个独一无二的出场？”

拜德激动地点点头。

奶奶扇动翅膀，一把抓住拜德，她竟然带着拜德飞起来了！

这样奇特的出场方式吸引了所有人的目光，评委们都给拜德打了满分！

零点的钟声敲响，今年的变装晚会结束了，但拜德还舍不得离开。

奶奶温柔地说：“我们还可以参加明年的变装晚会，只要你愿意，每年都可以参加！”

这时，天空中划过一颗流星，拜德赶紧许愿。嘭的一声，奶奶变回了原来的样子。

# “内格尔的蝙蝠”是什么？

## 托马斯·内格尔

托马斯·内格尔（1937—），美国现当代哲学家，他提出了著名的蝙蝠问题。

内格尔的蝙蝠是一个思想实验，内格尔认为，即使我们获得了蝙蝠的所有物理信息，我们仍然没办法知道身为一只蝙蝠是什么感觉。

蝙蝠和人都属于哺乳动物，但二者的生活方式和感受器官却大不相同。人没有蝙蝠那样的翼膜，既不能倒吊着睡觉，也不能用听觉代替视觉，靠回声定位，这些经验我们永远没办法拥有，也无法想象自己不知道的东西。所以，我们只知道自己作为人的感觉，却没办法去想象作为一只蝙蝠又是什么样的感觉。

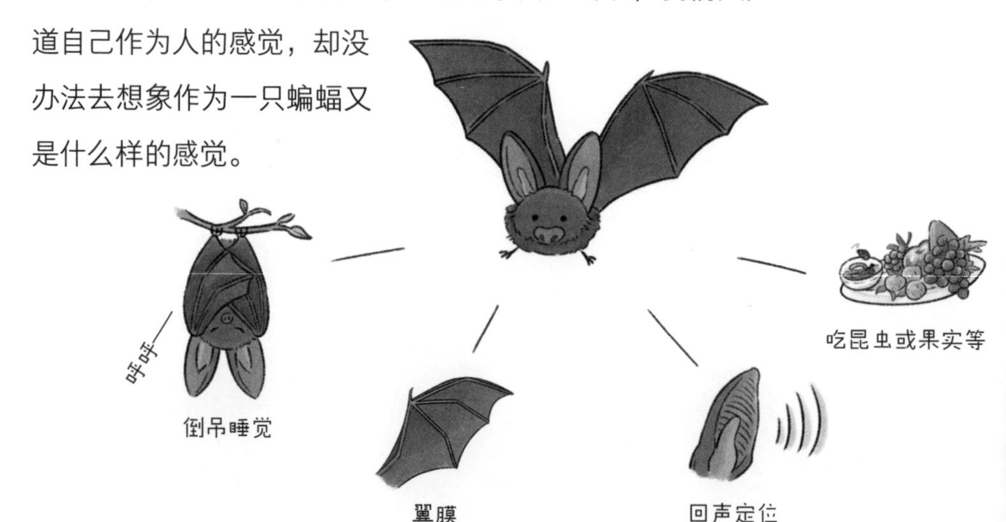

那如果我们获得了一只蝙蝠的所有数据，是不是就能知道身为一只蝙蝠，它的感觉是怎样的呢？答案还是：不行！

举个例子，即使我们用科学的方法知道蝙蝠在接收到超声波时，脑中会出现特定的神经冲动的信息，即使我们去模拟这个神经冲动的信息，我们也只能知道自己作为人获得这个信息是什么感觉，不可能知道蝙蝠的感觉。

其实，内格尔借这个思想实验真正想表达的是：作为一个独立的存在者，我们永远不可能真切地从内心的视角出发，去认识和理解另一个存在者的意识。也就是说，我们无法知道其他人对于颜色、声音、气味、疼痛等是“什么感觉”。

# 背后的理论：主观与客观

内格尔认为，人类只能从主观的内在视角研究意识，从科学的外在视角是不能研究我们的意识的。同时他还认为，我们看待这个世界时越是脱离自己的主观观念，我们就越是客观。

内格尔虽然重视客观性对于心灵的重要性，但也强调其有限性。因为不从蝙蝠的主观观点出发，我们没办法知道蝙蝠是什么感觉。

可我们不是蝙蝠，便只能用物理术语去还原蝙蝠的感受，比如蝙蝠会用回声定位。但也正因为我们不是蝙蝠，我们无法理解蝙蝠的感受和蝙蝠的观点，比如，我们无法描述蝙蝠使用回声定位是一种什么样的感受。所以物理的理论也没法解释作为蝙蝠是一种什么样的感受。

因此，我们永远不知道身为一只蝙蝠是怎样的感受。

著名哲学家维特根斯坦认为，在一些情况中，我们可以知道他人的感受，比如：一个人受伤流血、表情扭曲，那么我们可以判断这个人现在很痛苦。同时，我们具有一定的同理心，可以与他人共情，我们会为他人的幸福高兴，也会为他人的不幸流泪。

我国古代有一位哲学家，也提出过和内格尔的蝙蝠问题类似的观点，他就是庄子。

庄子曾提出“子非鱼，安知鱼之乐？”“子非我，安知我不知鱼之乐？”的观点，这两句话的意思就是：你不是鱼，怎么知道鱼儿的快乐？你不是我，怎么知道我不知道鱼儿的快乐？